Sitzungsberichte der Heidelberger Akademie der Wissenschaften

Stiftung Heinrich Lanz

Mathematisch-naturwissenschaftliche Klasse

*) *Jahrgang* 1921 *erschien im Verlage von Carl Winters Universitätsbuchhandlung in Heidelberg.*

Im Verlag von Walter de Gruyter & Co. vormals G. J. Göschen'sche Verlagshandlung — J. Guttentag, Verlagsbuchhandlung — Georg Reimer — Karl J. Trübner — Veit & Comp., Berlin, erschienen:

Abteilung A. Mathematisch-physikalische Wissenschaften.

Jahrg. 1922: 3 Hefte. — Jahrg. 1923: 5 Hefte. — Jahrg. 1924: 11 Hefte.

Abteilung B. Biologische Wissenschaften.

Jahrgang 1923: 1 Heft.

Von Jahrgang 1925 *ab findet die Trennung in Abteilung A und B nicht mehr statt.*

Vom Jahrgang 1925 sind 15 Hefte erschienen.

Jahrgang 1926. 1. Krull, Wolfgang. Theorie und Anwendung der verallgemeinerten Abelschen Gruppen. Reichsmark 1.70
2. Klebs, Georg. Über periodisch wachsende tropische Baumarten. Rm. 1.20
3. Müller, Max. Über die Oberfläche von Flächenstücken. Reichsmark 1.20
4. Ernst, Max. Über Anlagen von Organen, die nicht zur Ausbildung gelangen. Reichsmark 0.50
5. Ernst, Emil. Die optischen Eigenschaften des Andesins von Bodenmais. Reichsmark 1.10
6. Liepmann, Wilhelm. Leichengeburt bei Ichthyosauriern. Reichsmark 0.90
7. Klebs, Georg. Über die Längenperiode der Internodien. Reichsmark 2.40
8. Jost, L., u. v. Ubisch, G. Zur Windefrage. Reichsmark 0.80
9. Salomon, Wilhelm. Gibt es Gesteine, die für bestimmte Erdperioden charakteristisch sind? Reichsmark 0.30
10. Roeser, Ernst. Der reelle Übergang zwischen den beiden nichteuklidischen Geometrien und ihrem Parallelenbegriff. Reichsmark 1.20
11. Salomon, Wilhelm. Kugelförmige Absonderung. Reichsmark 0.80
12. Salomon. Felsenmeere und Blockstreuungen. Reichsmark 0.80
13. Salomon. Die Gruppendefinitionen in der Paläontologie. Reichsmark 0.90

Jahrgang 1927. 1. Loewy, Alfred. Neue elementare Begründung und Erweiterung der Galoisschen Theorie. Reichsmark 1.60
2. Liebmann, Heinrich. Rhombische Geradennetze im Raum. Reichsmark 1.—
3. Volk, Otto. Über geodätische Dreiecknetze auf Flächen konstanten Krümmungsmaßes. Reichsmark 1.80
4. Pütter. A. Chemische Reizwirkung und Giftwirkung. Mit einem mathematischen Anhang: Ein Diffusionsproblem von E. Trefftz. Reichsmark 2.40
5. Rembs, Eduard. Die Verbiegung des verlängerten Rotationsellipsoids. Reichsmark 1.60
6. Mayer, Adolf. Naturwissenschaftliche Ästhetik. Reichsmark 0.90
7. Mayer, Adolf. Naturwissenschaftliche Volkswirtschaftslehre. Reichsm. 0.80
8. Baer, R., Kapferer, H., Krull, W., Schmidt, F. K. Beiträge zur Algebra. Nr. 5—10. Reichsmark 6.20
9. Müller, Max. Über die Eindeutigkeit der Integrale eines Systems gewöhnlicher Differentialgleichungen und die Konvergenz einer Gattung von Verfahren zur Approximation dieser Integrale. Reichsmark 2.50
10. Freudenberg, Karl. Intramolekulare Umlagerung optisch-aktiver Systeme. Reichsmark 1.—
11. Roeser, Ernst. Abbildung der hyperbolischen Ebene auf die Kugel mittels der Beziehung zwischen Lot und Parallelwinkel. Reichsmark 1.—

(Fortsetzung siehe 3. Umschlagseite)

*) Bestellungen auf solche Veröffentlichungen der math.-naturw. Klasse, welche früher im Verlag von Carl Winters Universitätsbuchhandlung in Heidelberg erschienen sind, nimmt auch der Verlag Walter de Gruyter & Co., Berlin, entgegen.

Sitzungsberichte
der Heidelberger Akademie der Wissenschaften
Mathematisch-naturwissenschaftliche Klasse
Jahrgang 1931. 10. Abhandlung

Über ein Gegenstück zum Eulerschen Satz vom ebenen Dreieck und zu dessen Verwandten im Raum und in höheren Räumen in der hyperbolischen Geometrie

Von

R. Mehmke
in Stuttgart

Vorgelegt von Heinrich Liebmann

Eingelaufen im August 1931

Berlin und Leipzig 1931
Walter de Gruyter & Co.
vormals G. J. Göschen'sche Verlagshandlung / J. Guttentag, Verlagsbuchhandlung / Georg Reimer / Karl J. Trübner / Veit & Comp.

Archiv-Nr. 52 04 31
Druck von Walter de Gruyter & Co., Berlin W 10

1. Herr Richard Baldus hat in diesen Sitzungsberichten (Jahrg. 1929 Nr. 11) bewiesen, daß der Eulersche Satz in der hyperbolischen Geometrie nur in dem Sonderfall eines gleichschenkligen Dreiecks gilt. Man scheint aber noch nicht bemerkt zu haben, daß wenn die Höhen des Dreiecks durch gewisse Abstandslinien ersetzt werden, die beim Übergang von der hyperbolischen zur euklidischen Geometrie in die Höhen übergehen, fragliche Abstandslinien sich in einem Punkt schneiden, der auch bei einem beliebigen Dreieck mit seinem Schwerpunkt und dem Mittelpunkt seines Umkreises in einer Geraden liegt, ein Satz, der wohl als hyperbolisches Gegenstück zum Eulerschen Satz betrachtet werden darf. In der euklidischen Geometrie gilt bekanntlich für ein Tetraeder mit Höhenschnittpunkt ein dem Eulerschen entsprechender Satz, und bei einem Tetraeder ohne Höhenschnittpunkt hat, wie man weiß, der sog. Punkt von Monge einzutreten. Verwandte Sätze für ein Simplex in einem Raum von beliebig viel Dimensionen habe ich seinerzeit für die euklidische Geometrie bewiesen [1]). Auch hierzu gibt es Gegenstücke in der hyperbolischen Geometrie. Das folgende mag nicht nur den Nutzen der Punktrechnung auf diesem Gebiete zeigen, sondern auch, wie durch Umdeuten der Gleichungen, die zum Beweis von Sätzen der euklidischen Geometrie gedient haben, zuweilen mit geringer Mühe neue Sätze der nichteuklidischen Geometrie gefunden werden können. Derselbe Gedanke läßt sich auch verwenden, um z. B. Sätze der Liniengeometrie und solche über Kurven und Flächen höheren Grades zu finden, worauf aber hier nicht eingegangen werden soll.

2. Der einfachste analytische Beweis für den gewöhnlichen Eulerschen Satz ist wohl folgender [2]). Bedeuten — als Punkte mit dem Zahlwert eins — a, b, c die Ecken eines ebenen Dreiecks, h seinen Höhenschnittpunkt, m den Mittelpunkt seines Umkreises

[1]) „Ausdehnung einiger elementarer Sätze über das ebene Dreieck auf Räume von beliebig viel Dimensionen", Archiv der Math. u. Physik Bd. 70 (1884), S. 210–218.

[2]) s. meine unter [1]) angeführte Abhandlung von 1884.

und s den Schwerpunkt, so lassen sich bei Benützung des Grassmannschen Zeichens | für das innere Produkt zweier Vektoren, die Bedingungen dafür, daß der Vektor $\overrightarrow{ha}$ und derjenige von m nach dem Mittelpunkt der Seite bc beide auf dem Vektor $\overrightarrow{cb}$ senkrecht stehen, durch die Gleichungen ausdrücken:

$$(1) \qquad (a - h) \mid (b - c) = 0,$$

$$(2) \qquad (b + c - 2m) \mid (b - c) = 0.$$

Addiert man beide Gleichungen, so kommt wegen

$$a + b + c = 3s,$$

$$(3) \qquad (3s - h - 2m) \mid (b - c) = 0.$$

Zwei ebensolche Gleichungen wie (3) gelten für die Seiten ca und ab, wobei der Ausdruck in der ersten Klammer jedesmal derselbe ist. Wäre dieser von Null verschieden, so stellte er einen Vektor in der Ebene des Dreiecks vor, der auf allen drei Seiten des Dreiecks zugleich senkrecht stände. Er muß daher verschwinden, oder man hat

$$3s = h + 2m,$$

d. h. s liegt auf der Strecke hm und teilt sie im Verhältnis 2: 1.

3. Welchen Sinn erhalten die Gleichungen (1), (2) und (3) in der hyperbolischen Geometrie?[3]) Es stellt in ihr $(b—c)$ den äußeren Halbierungspunkt der Strecke bc vor. Er ist — wenn wir uns der Kürze wegen auf den Fall beschränken, daß alle drei Punkte a, b und c innerhalb des absoluten Kegelschnitts liegen, „Feldpunkte" sind (mit Herrn Liebmann[4]) zu reden) — ein Punkt außerhalb des absoluten Kegelschnitts, ein „Überpunkt" (wieder nach Herrn Liebmann). Ferner bedeutet $\mid (b - c)$ die absolute Polare jenes Punktes, also die Senkrechte zu bc durch den inneren Mittelpunkt $(b + c)$ der Strecke bc, ihr Mittellot, das durch L bezeichnet werde. Glg. (1) liefert jetzt aber nicht mehr die durch a gehende Höhe des Dreiecks, denn setzt man darin für h einen veränderlichen Punkt x mit dem konstanten Zahlwert 1 und schreibt sie in der Form

[3]) Der allgemeinsten Cayley-Kleinschen projektiven Maßbestimmung angepaßt worden ist Grassmanns Punktrechnung schon 1882 von Homersham Cox, Trans. Cambridge Phil. Soc. vol. XIII part II. Sehr ausführlich behandelt findet man diese Form der Punktrechnung bei A. N. Whitehead, Universal Algebra, I, Cambridge 1898, Book VI. Eine neuere Darstellung ist die von A. Lotze, „Punktrechnung und nichteuklidische Geometrie", Festschrift des Karlsgymnasiums in Stuttgart, 1931.

[4]) H. Liebmann, Nichteuklidische Geometrie, 3. Auflage 1923, S. 28.

$$[(a-x)\,L]=0 \text{ oder } [xL]=[aL],$$

so drückt sie aus, daß x denselben Abstand von L hat wie a. Der geometrische Ort von x ist folglich die durch die Ecke a gehende Abstandslinie $\bar{L}$ zum Mittellot L der Gegenseite. Nehmen wir die durch die Ecke b gehende Abstandslinie $\bar{M}$ zum Mittellot M der Seite ca und die durch c gehende Abstandslinie $\bar{N}$ zum Mittellot N der Seite ab hinzu. Werden die Gleichungen dieser drei Abstandslinien in der Form geschrieben:

$$\varphi(x)=(a-x)\,|\,(b-c)=0,\ \psi(x)=(b-x)\,|\,(c-a)=0,$$
$$\chi(x)=(c-x)\,|\,(a-b)=0,$$

so erkennt man, daß identisch

$$\varphi(x)+\psi(x)+\chi(x)=0 \tag{4}$$

ist. *Mithin schneiden sich die genannten drei Abstandslinien in einem und demselben Punkt* $\bar{h}$[5]. Er könnte der Abstandspunkt oder auch der Scheinhöhen-Schnittpunkt des Dreiecks genannt werden.

4. In der nichteuklidischen Geometrie bekommen die Punkte m und s andere Zahlwerte, als in der euklidischen, weshalb wir jetzt

$$a+b+c=\sigma s,$$

also auch in (3) nun σs statt $3s$ schreiben wollen. Die Form der Gleichung (2) dagegen kann beibehalten werden, denn wenn man auch etwa y statt $2m$ schriebe, so wäre mit y als veränderlichem Punkt

$$(b+c-y)\,|\,(b-c)=0$$

wieder die Gleichung des Mittellots L zu bc. Setzt man, wie es wegen der veränderten Bedeutung von (1) nötig wird, in (3) und in die entsprechenden, zu den Seiten ca und ab gehörenden Gleichungen für den wahren Höhenschnittpunkt h den Scheinhöhen-Schnittpunkt $\bar{h}$ ein, so besagen die Gleichungen

$$(\sigma s-\bar{h}-2m)\,|\,(b-c)=0,\ (\sigma s-\bar{h}-2m)\,|\,(c-a)=0,$$
$$(\sigma s-\bar{h}-2m)\,|\,(a-b)=0,$$

daß der in der ersten Klammer stehende Punkt gleichzeitig in den Mittelloten

---

[5]) Es ist natürlich angenommen, daß man beim Durchlaufen der Abstandslinien L, M, N jedesmal auf derselben Seite des betreffenden Mittellots bleibt, also den absoluten Kegelschnitt, das „Unendliche", nicht überschreitet. In der elliptischen Geometrie ergeben sich offenbar zwei reelle Punkte $\bar{h}_1$ und $\bar{h}_2$, als gemeinsame Punkte der zufolge (4) einem Büschel angehörenden Kurven zu den Gleichungen $\varphi(x)=0$, $\psi(x)=0$, $\chi(x)=0$. Siehe auch Anm. 6.

$$|(b-c) = L, \quad |(c-a) = M, \quad |(a-b) = N$$

liegt, also mit ihrem Schnittpunkt m zusammenfällt. Es besteht folglich zwischen s, $\bar{h}$ und m eine lineare Beziehung, die wir etwa

$$\sigma s = \bar{h} + \mu m$$

schreiben können. Wie sie zeigt, *liegen Schwerpunkt s, Scheinhöhen-Schnittpunkt $\bar{h}$ und Mittelpunkt m des Umkreises in einer Geraden* [6]). Hier haben wir also das gesuchte hyperbolische Gegenstück zum *Euler*schen Dreieckssatz der euklidischen Geometrie.

5. Den gewöhnlichen Raum überspringend, wollen wir die vorhergehenden Untersuchungen ohne weiteres auf einen Raum von beliebig vielen Dimensionen ausdehnen. Seien in einem Raum von $(n-1)$ Dimensionen $a_1, a_2 \ldots, a_n$ die Ecken eines in keinem Raum von weniger Dimensionen enthaltenen Simplex. Bezeichnen i und k irgend zwei verschiedene der Indizes 1 bis n, so stellt $|(a_i - a_k) = \mathsf{P}_{ik}$ den ebenen Raum von $(n-2)$ Dimensionen vor, der den inneren Mittelpunkt $(a_i + a_k)$ der Kante $a_i a_k$ enthält und auf ihr senkrecht steht. Nach Weglassen der Ecken a_i und a_k mögen die übrigen Ecken den Schwerpunkt s_{ik} ergeben:

$$\sigma_{ik}\, s_{ik} = a_1 + a_2 + \ldots + a_{i-1} + a_{i+1} + \ldots a_{k-1} + a_{k+1} + \ldots + a_n.$$

Mit x als veränderlichem Punkt setzen wir die Gleichung an

$$(1) \qquad \varphi_{ik}(x) = (\sigma_{ik}\, s_{ik} - x)\,|\,(a_i - a_k) = 0.$$

Um Weitläufigkeit zu vermeiden, wollen wir uns auf hyperbolische Geometrie und auf Punkte innerhalb des absoluten Gebildes beschränken. Gleichung (1) — man könnte sie homogen in bezug auf x machen durch Hinzufügen des Faktors $+\sqrt{x\,|\,x}$ im ersten Glied der ersten Klammer — stellt, wie leicht zu sehen, ein Abstandsgebilde $\bar{\mathsf{P}}_{ik}$ zu P_{ik} vor, nämlich einen (quadratischen) Raum von $(n-2)$ Dimensionen, dessen Punkte alle denselben Abstand von dem ebenen Raum P_{ik} haben; überdies enthält offenbar $\bar{\mathsf{P}}_{ik}$ den Punkt s_{ik}. Führt man den Schwerpunkt s der sämtlichen Ecken ein und nennt σ seinen Zahlwert:

$$\sigma s = a_1 + a_2 + \ldots + a_n,$$

so geht obige Gleichung über in

$$(1') \qquad \varphi_{ik}(x) = (\sigma s - a_i - a_k - x)\,|\,(a_i - a_k) = 0.$$

---

[6]) In der elliptischen Geometrie werden die beiden Punkte $\bar{h}_1$ und $\bar{h}_2$ (s. Anm. 5) mit s und m in einer Geraden liegen. Statt obiger Zahl μ treten dann zwei Zahlen μ_1 und μ_2 auf, die Wurzeln einer quadratischen Gleichung, die leicht aufgestellt werden könnte.

Greift man von den $n(n-1)/2$ Kanten $a_i a_k$ irgend welche n heraus, aber so, daß jede mit der vorhergehenden zusammenstößt und die letzte wieder mit der ersten, so geben augenscheinlich die zugehörigen Funktionen $\varphi_{ik}(x)$ die Summe Null. Wenn also der Punkt x irgend $(n-1)$ jener Gleichungen befriedigt, so genügt er auch der letzten, oder der Schnittpunkt x von $(n-1)$ der fraglichen Räume $\bar{\mathsf{P}}_{ik}$ gehört auch dem n-ten an. (Im Falle $n = 4$ müßte man durch den Mittelpunkt einer jeden Kante die Abstandsfläche zur Mittellotebene der Gegenkante legen, und alle so erhaltenen sechs Abstandsflächen hätten einen gemeinsamen Punkt; er bildete das hyperbolische Gegenstück zum Punkt von MONGE.)

Eine Zwischenbemerkung: Die durch irgend eine Ecke des n-Ecks gezogene Abstandslinie zum Mittellot der $(n-1)$ übrigen Ecken (d. h. dem geometrischen Ort der Punkte, die von den letzteren Ecken gleichweit abstehen), kann eine Scheinhöhe genannt werden. Im allgemeinen schneiden sich die n Scheinhöhen des n-Ecks nicht, so wenig wie im Fall $n = 4$ schon in der euklidischen Geometrie die Höhen eines Tetraeders. Ist aber ein „Scheinhöhen-Schnittpunkt“ vorhanden, so fällt er, wie leicht zu beweisen wäre, mit dem vorhin erhaltenen Punkt x, dem „Abstandspunkt“ des n-Ecks zusammen.

Bezeichnet ferner m den Mittelpunkt des um das gegebene n-Eck beschriebenen kugelähnlichen Raumes von $(n-2)$ Dimensionen, so ist, weil m von je zwei Ecken a_i und a_k denselben Abstand besitzt:

$$(2) \qquad (a_i + a_k - m) \mid (a_i - a_k) = 0.$$

Die Gleichung (1′) und (2) geben addiert

$$(3) \qquad (\sigma s - x - m) \mid (a_i - a_k) = 0.$$

Dieselben Schlüsse, die unter **4.** im Falle $n = 3$ angewendet wurden, führen zu dem Ergebnis, daß zwischen s, x und m eine lineare Beziehung der Form

$$\sigma s = x + \mu m$$

herrscht. Es liegen also der *Schwerpunkt s, der Mittelpunkt m der $(n-2)$-dimensionalen „Umkugel“ und der Abstandspunkt x in einer Geraden.* Dies das n-dimensionale hyperbolische Gegenstück zum *Euler*schen Satz.

12. RÜGER, L. Die direkte gebirgsgetreue Übertragung der auf dem Universaldrehtisch gewonnenen Messungsergebnisse gebirgsorientierter Schliffe in das Diagramm. Reichsmark 1.20
13. JOST, L. Elektrische Potentialdifferenzen an der Einzelzelle. Reichsmark 1.90

Jahrgang 1928. 1. RÜGER, L. Einige Bemerkungen zur Darstellung tektonischer Elemente, insbesondere von Klüften und Harnischen. Reichsm. 1.20
2. HERBST, CURT. Untersuchungen zur Bestimmung des Geschlechts. Ein neuer Weg zur Lösung des Geschlechtsbestimmungsproblems bei Bonellia viridis. Reichsmark 1.50
3. MERTON, HUGO. Untersuchungen über die Entstehung amöbenähnlicher Zellen aus absterbenden Infusorien. Reichsmark 2.20
4. BAER, REINHOLD. Zur Einordnung der Theorie der Mischgruppen in die Gruppentheorie. Reichsmark 2.20
5. BAER, REINHOLD. Über die Zerlegungen einer Mischgruppe nach einer Untermischgruppe. Reichsmark 1.50
6. ROESER, ERNST. Komplementäre Körper der beiden nichteuklidischen Geometrien. Reichsmark 1.—
7. KRULL, WOLFGANG. Primidealketten in allgemeinen Ringbereichen. Rm. 1.10
8. SALOMON, WILHELM. Geol. Beobachtungen des Leonardo da Vinci. Rm. 0.90
9. LIEBMANN, HEINRICH. Die Sätze von Lie und Gambier über Kurven eines Linienkomplexes. Reichsmark 0.90
10. MERZ, K. W. Über den Wirkungsantagonismus von Blutkörperchen und Serum bei chemisch faßbaren biologischen Vorgängen. Reichsmark 1.20
11. MÜHLBACH, R. Über Raumkurven in der Möbiusschen Geometrie. Rm. 1.20
12. ERNST, PAUL. Wurzeln der Medizin. Reichsmark 1.50
13. MAYER, ADOLF. Naturwissenschaftliche Apologetik des Christentums. Rm. 1.60
14. BAER, REINHOLD. Beiträge zur Galoisschen Theorie. Reichsmark 1.80
15. SALOMON, WILHELM. Neue geologische Beobachtungen im Baitonegebiet des Adamello. Reichsmark 0.90
16. ERDMANNSDÖRFFER, O. H. Über Disthen-Andalusitparagenesen. Rm. 1.20
17. SCHNEIDT, MAX. Kurvennetze ohne Umwege. Reichsmark 1.30
18. BOPP, K. J. H. Lamberts und A. G. Kaestners Briefe, aus den Gothaer Manuskripten herausgegeben. Reichsmark 2.20
19. FREUDENBERG, K. Zur Kenntnis des Fichtenholz-Lignins. Reichsmark 1.10

Jahrgang 1929. 1. VOLK, OTTO. Über Flächen mit geodätischen Dreiecksnetzen. Reichsmark 2.50
2. SCHMIDT, F. K., KRULL, W., BREUER, S. Beiträge zur Algebra. Nr. 11—13. Reichsmark 1.80
3. HIEBER, W., Zur Kenntnis der chemischen Reaktionen des Eisencarbonyls. Reichsmark 0.90
4. SALOMON, WILHELM. Gletscherbeobachtungen am Vadret Lischanna (Unterengadin). Reichsmark 1.—
5. SALOMON, WILHELM. Arktische Bodenformen in den Alpen. Reichsm. 2.50
6. MÜLLER, MAX. Über die Greensche Funktion des Laplaceschen Differentialausdruckes. Reichsmark 1.50
7. RÜGER, L. Machairodus latidens Owen aus den altdiluvialen Sanden von Mauer a. d. Elsenz. Reichsmark 0.90
8. LENARD, P. Über Energie und Gravitation. Reichsmark 1.90
9. DEECKE, W. Zur Entstehung der Kare. Reichsmark 0.80
10. ROESER, E. Neue Sätze über sphärische und hyperbolische Fünfecke. Reichsmark 1.—
11. BALDUS, R. Über Eulers Dreieckssatz in der absoluten Geometrie. Rm. 1.—
12. TRAUTZ, M. Die Reibung, Wärmeleitung und Diffusion in Gasmischungen. II. Reichsmark 2.80
13. SANDER, B., u. FELKEL, E. Zur tektonischen Analyse von Schmelztektoniten. Reichsmark 2.50
14. SCHOLZ, ARNOLD. Beiträge zur Algebra. Nr. 14. Reichsmark 1.20
15. BAER, REINHOLD. Beziehungen zwischen den Grundbegriffen der Topologie. Reichsmark 1.60
16. HERBST, CURT. Untersuchungen zur Bestimmung des Geschlechts. Weitere Experimente über die Vermännlichung indifferenter Bonellia-Larven durch künstliche Mittel. Reichsmark 3.—

17. Erdmannsdörffer, O. H. Über Alkalihornblenden aus dem Radautal. Reichsmark 0.80
18. Gruber, Friedrich. Neuer Beweis des Transversalensatzes in der absoluten Geometrie. Reichsmark 0.80
19. Rosenthal, A. Über die Existenz der Lösungen von Systemen gewöhnlicher Differentialgleichungen. Reichsmark 1.20

Jahrgang 1930. 1. Gottfried, C. Über kontaktmetamorphe Gesteine des Baitonegebietes in der Adamellogruppe (Italien). Reichsmark 1.—
2. Rüger, L. Über einen Granulit mit „Sekundärschieferung" von Auerswalde i. S. Reichsmark 1.50
3. Beiträge zur Algebra Nr. 15—17: a) Kapferer, Heinr. Über Schnittpunktsysteme mit vorgeschriebenen Multiplizitätszahlen. b) Kapferer, Heinr. Eine idealtheoretische Lösung des Cramerschen Paradoxons, die jeden singularen Fall umfaßt. c) Scholz, Arnold. Über das Verhältnis von Idealklassen und Einheitengruppen in Abelschen Körpern von Primzahlpotenzgrad. Reichsmark 3.20
4. Kinzl, Hans. Flußgeschichtliche und geomorphologische Untersuchungen über die Feldaistsenke im oberösterreichischen Mühlviertel und die angrenzenden Teile Südböhmens. Reichsmark 3.20
5. Baldus, Richard. Zur Axiomatik der Geometrie III. Über das Archimedische und das Cantorsche Axiom. Reichsmark 0.80
6. Salomon-Calvi, Wilhelm. Epeirophorese. Teil I. Reichsmark 1.40
7. Wellstein, Julius. Zur Klassifikation der regulären Scharen quadratischer Formen. Reichsmark 1.—
8. Bettmann. Über Modellierungen des Gefäßendabschnittes. Reichsmark 2.—
9. Roeser, Ernst. Sphärische und hyperbolische Vielecke. Reichsmark 1.65
10. Kaufmann, Boris. Über die Ränderzuordnung bei topologischen Abbildungen in der Ebene und im Raume. Reichsmark 1.65
11. Scheffen, Walther. Pseudopemphix Fritschii Wüst, Lithogaster tiefenbachensis Assm. und Pemphix Sueurii Desm. Reichsmark 3.20
12. Voelcker, Ilse. Felis issiodorensis Croizet von Mauer a. d. E. Rm. 1.40
13. Salomon-Calvi, Wilhelm. Epeirophorese. Teil II. Geodätische Beweise. Reichsmark 1.—
14. Freudenberg, Karl. Kritik an der Berechnung des optischen Drehungsvermögens von Zuckern. Reichsmark 1.—
15. Jänecke, Ernst. Über das reguläre vierdimensionale Fünfzell. Rm. 3.—
16. Boehm, Karl. Über lineare Differentialgleichungen mit konstanten Koeffizienten und einer Störungsfunktion. Reichsmark 1.80
17. Kamke, E. Über die eindeutige Bestimmtheit der Integrale von Differentialgleichungen II. Reichsmark 1.70

Jahrgang 1931. 1. Pfannenstiehl, Max. Die Fauna der Kirchberger Schichten von Lohn am Randen. Reichsmark 2.75
2. Salomon-Calvi, Wilh. Radiumreiche Erdölsolen und das Problem der Herkunft ihres Radiums. Reichsmark 2.—
3. Voelcker, J. Hippopotamus amphibius von Mauer a. d. Elsenz. Rm. 1.60
4. Erdmannsdörffer, O. H. Über Zoisitoligoklaspegmatit und seine Beziehung zu anorthositischen Magmen. Reichsmark 1.85
5. Schmidt, Arnold. Die Stetigkeit in der absoluten Geometrie. Reichsmark 1.80
6. Kaufmann, Boris. Parameterkurven ohne Halbtangenten. Reichsmark 1.90
7. Hellpach, Willy, Dritte Mitteilung zur Statik und Dynamik der deutschen Stammesphysiognomie. Reichsmark 2.20
8. Salomon-Calvi, Wilh. Epeirophorese. Teil III. Die vordiluvialen Eiszeiten. A. Die Eiszeiten des Tertiärs und Mesozoikums. Reichsmark 3.—
9. Freudenberg, Karl. Bemerkungen zur Stereochemie. Mit einem Anhang: Synthesen von Derivaten aktiver Aminosäuren. Reichsmark 2.20
10. Mehmke, R. Über ein Gegenstück zum Eulerschen Satz vom ebenen Dreieck und zu dessen Verwandten im Raum und in höheren Räumen in der hyperbolischen Geometrie. Reichsmark 1.65

WALTER DE GRUYTER & CO., BERLIN W 10 UND LEIPZIG

FSC
www.fsc.org
MIX
Papier | Fördert gute Waldnutzung
FSC® C083411

Zeitfracht Medien GmbH
Ferdinand-Jühlke-Straße 7
99095 Erfurt, Deutschland
produktsicherheit@kolibri360.de